Feuereißen · Dampf über Afrika

Günther Feuereißen

DAMPF ÜBER AFRIKA

fotografiert von Hans Faust,
Dietmar Hartwig, Otfried Eisenhardt,
Konrad Grams und Günter Haslbeck

Gondrom

Umschlagseite vorn
Durch Ananasfelder dampft eine 19 D der SAR am 12. August 1986 von Grahamstown nach Port Alfred (HF)

Umschlagseite hinten
Im Lokomotivdepot von Bulawayo sind 1989 noch über 80 Garratt-Maschinen beheimatet (HF)

Seite 2
Die NRZ-Baureihe 20 A befindet sich mit ihrem Güterzug auf der Fahrt von Thomson Junction nach Victoria Falls zwischen den sidings (Ausweichstellen) Sambawizi und Zanguja (HF)

Genehmigte Lizenzausgabe für Gondrom Verlag GmbH & Co. KG, Bindlach 1990
Lithografien: Hopfmüller-Repro GmbH & Co. KG, Linz
Satz: Fotosatz Schwarzenböck, Hohenlinden
Druck: ZUMBRINK DRUCK GmbH, Bad Salzuflen
ISBN 3-8112-0721-0

Inhalt

Zum Geleit

Endlose Wüsten, tropische Regenwälder und die unzugängliche Wildnis des afrikanischen Kontinents boten der eisenbahntechnischen Erschließung derart große Schwierigkeiten, daß bis heute nur gut 75000 km Strecken gebaut wurden, fast ein Drittel davon allein in der Republik Südafrika.
Bei der Beurteilung des afrikanischen Eisenbahnwesens muß man in Betracht ziehen, daß viele Länder bis weit in das 20. Jahrhundert hinein abhängig waren und die Kolonisatoren vorrangig Interesse an Abfuhrlinien für Rohstoffe und heimische Produkte zeigten. Nach der Unabhängigkeit begann in vielen Ländern der Kampf um die politische Zukunft, oft mit Waffen ausgefochten. Für den Eisenbahnbau, ja die Verkehrserschließung überhaupt, fehlten die Mittel. Bis heute hält dieser Zustand in vielen afrikanischen Staaten an, so daß vorhandene Eisenbahnen teilweise unbrauchbar wurden, andernorts uralte Technik im täglichen Einsatz zu bewundern ist. Demgegenüber sind, oft mit ausländischer Hilfe, neue Bahnen gebaut worden, die sich mit den örtlich vorhandenen technischen Mitteln und dem Ausbildungsstand der Arbeitskräfte nur schwer unterhalten lassen. Aus alledem ergibt sich eine ungeheure Vielfalt im afrikanischen Eisenbahnwesen, die kennenzulernen sich für jeden Eisenbahnfreund lohnt.
Leider stehen dem Erkundungsdrang vielerorts klimatische und häufig auch politische Schwierigkeiten im Wege. Dem Eisenbahntouristen öffneten sich deshalb in der Vergangenheit vor allem Zimbabwe und Südafrika, deren Dampflokomotiveinsätze der fotografische Schwerpunkt des vorliegenden Bandes sind.
Obwohl im Süden Afrikas auf maximal 1067 mm Spurweite gefah-

ren wird, ist ein Vergleich mit europäischen Schmalspurbahnen unrealistisch. Die Abmessungen und Zugleistungen vieler Lokomotiven sind denen schwerster und größter deutscher Regelspurmaschinen gleich, ja übertreffen sie gelegentlich noch. Dem entsprechen auch die Fahrgeschwindigkeiten, Zuglängen und Transportleistungen. Vom legendären Blue-Train, einem der komfortabelsten Schnellzüge der Erde, über elektrischen Vorortverkehr bis zu schwersten Erzzügen spannt sich die Palette des »Schmalspur«-Betriebes.

Unvermeidlich war und ist auch in diesem Erdteil die Ablösung der Dampfrösser durch Diesel- und Elektrolokomotiven. Dabei waren aber nur selten die wirtschaftlichen Belange der Eisenbahnverwaltungen maßgebend. Vielfach ging es lediglich im Rahmen sogenannter Entwicklungshilfe darum, für Produkte aus den Industriestaaten Absatzmärkte zu finden. Durch die lange Wirtschaftsblockade gegenüber Rhodesien entgingen deren Eisenbahnen einer solchen Zwangsmodernisierung. Sie werden in den neunziger Jahren noch dampfen. In Südafrika dürfte ein drohender Ölboykott für den langen Dampflokomotiveinsatz ausschlaggebend gewesen sein.

Die Bildautoren Hans Faust (HF), Dietmar Hartwig (DH), Otfried Eisenhardt (OE), Günter Haslbeck (GH) und Konrad Grams (KG) bereisten Afrika auf der Suche nach den letzten im Einsatz befindlichen Dampflokomotiven. Doch blieben auch ihnen einige im Bürgerkrieg befindliche Länder unzugänglich. Trotzdem gelang es, die typischen Merkmale afrikanischen Dampfbetriebes repräsentativ und eindrucksvoll darzustellen.

2921

Kenia

1896 begann die Uganda-Railway von Mombasa am Indischen Ozean aus den Vortrieb einer Strecke zum Viktoria-See. Man wählte 1000 mm Spurweite, vermutlich bedingt durch die Verwendung indischen Materials. 1901 war der See bei Kisumu erreicht und die Verbindung nach Uganda mit Dampfschiffen hergestellt.
Das Profil dieser Strecke weist drei Gebirgspässe mit Höhen von 1700 m, 2400 m und 2786 m auf. Sie waren nur durch enge Kurven und 30‰-Steigungen zu überwinden. Seit 1913 versahen Mallet-Lokomotiven diese schweren Dienste, die ab 1926 durch Garratt-Maschinen abgelöst wurden.
Nach dem ersten Weltkrieg kamen die Deutsch-Ostafrikanischen Eisenbahnen unter britische Verwaltung. Sie hießen nun Tanganyika Railway. Ab 1926 baute die Uganda-Railway von Nakuru aus die Streckenfortsetzung nach Uganda hinein und firmierte jetzt als Kenya-Uganda-Railway. 1948 schlossen sich die Eisenbahnen Tansanias, Kenias und Ugandas zur East African Railways (EAR) zusammen. Unter britischem Einfluß arbeiteten die Bahnen effektiv zusammen und verfügten über 5895 km Strecken. Nach dem Ende der Kolonialzeit 1963 nahmen die Differenzen zwischen den drei unabhängigen Staaten Uganda, Kenia und Tansania ihren Anfang. 1977 schließlich lösten sich die EAR auf und Kenia betreibt seine Bahn seither durch die Kenya Railway Corporation (KRC). Die Verbindungen zu den Nachbarländern sind unterbrochen.
Waren noch 1978 typisch afrikanische Dampflokomotiven, also Garratt- und 2'D 1'-Typen anzutreffen, so hat die Verdieselung sie inzwischen gänzlich auf das Abstellgleis gebracht.

1977, als die nachfolgenden Fotos entstanden, gehörten die Dampflokomotiven Kenias noch zur EAR. Die Klasse 29 (1'D 1') galt als eine der modernsten und wirtschaftlichsten Maschinen der Normalbauart. Im Bild befindet sich 2921 ostwärts Voi (OE)

Die schwersten und leistungsfähigsten Lokomotiven der EAR waren 34 2'D 1'+1'D 2'-Garratts, welche 1955/56 in Dienst gestellt wurden. Unten verläßt 5931 Mombasa in Richtung Nairobi (OE)

Im Bild rechts oben rangiert 2912 im Vorfeld des Bahnhofes Mombasa. Einige Lokomotiven sind nach Eingeborenenstämmen benannt (OE)

Die Klasse 55 im Bild rechts unten basiert auf einer alten Entwicklung Beyer Peacocks für Brasilien, deren Serienbau aber erst nach dem zweiten Weltkrieg zustande kam (OE)

KAKAMEGA
2912
E A R

MOMBASA
5505
E A R

E A R

Auf der vorhergehenden Doppelseite präsentiert sich die 31737 mm lange Garratt 5918 in voller Pracht. Sie ist die größte Meterspurlokomotive der Erde (OE)

Wesentlich kleiner und schwächer ist die 1945 von Beyer Peacock gelieferte Klasse 55, wenn auch mit der gleichen Achsfolge 2'D 1'+1'D 2'. Die abgebildete Lok 5505 wurde als britische Kriegslokomotive WD 74241 unter Fabriknummer 7157 gebaut, dann bei der Bengal Assam Railway (Indien) als 697 in Dienst gestellt, wechselte bald als 853 zu den Burma Railways, übersiedelte schließlich nach Ostafrika und bekam bei den Tanganjika Railways die Nummer 752. Letzte Station war die EAR, bei der sie 1977 noch aktiv dampfte (OE)

1930 beschaffte die Kenya-Uganda-Railway die 2'D-Standardklasse 24, deren Verteterin Nr. 53 sich nebenstehend mit einem Arbeitszug abmüht (OE)

6084

Die Klassen 28 und 29, beides schwere 1'D 1'-Lokomotiven, waren ursprünglich für den Dienst zwischen Mombasa und Nairobi beschafft worden, wobei sie in letzterer Station die Züge an Garratts übergeben sollten. Diese erwiesen sich jedoch als so vielseitig, daß die Bahn nur noch Garratt-Maschinen beschaffte. Unten ist 5902 »Ruwenzori Mountains 16763 FT« in Aktion (OE)

Die Bilder dieser Seiten zeigen noch einmal »Ruwenzori Mountains 16763 FT«, bespannt mit 5902 auf dem Weg nach Nairobi (OE)

E A R
6026

1967 rüstete die EAR alle Maschinen der Klasse 59 mit Giesl-Ejektoren aus, wodurch Leistungssteigerungen, Wasser- und Brennstoffeinsparungen und damit kürzere Fahrzeiten erzielt wurden.

1980 ging in Kenia die Dampfzeit zu Ende. Lok 5918 blieb der Nachwelt erhalten und man hofft auf eine Wiederinbetriebnahme für Touristen (OE)

Zimbabwe

Auf Initiative Cecil Rhodes gründete Großbritannien 1890 die Kolonie Rhodesien. Bereits sieben Jahre danach erreichte der erste Schienenstrang das Land in Bulawayo. Die Spurweite betrug 1067 mm, nach ihrem Herkunftsland Kapspur genannt. 1899 war die Linie nach Salisbury, dem heutigen Harare, fertiggestellt, 1904 die Victoriafälle mit Bulawayo verbunden. Die Weiterführung ins Kongogebiet, 1909 vollendet, war als Teil der nie fertiggestellten Kap-Kairo-Eisenbahn gedacht. 1899 vereinigten sich die Eisenbahngesellschaften zu den Rhodesia Railways, deren Verstaatlichung 1947 erfolgte.

Mitte der sechziger Jahre geriet das Land in eine schwere Krise. Den Nordteil entließ London in die Unabhängigkeit. In Südrhodesien hingegen wollte das weiße Regime die Macht nicht mit der schwarzen Bevölkerung teilen und erklärte sich einseitig unabhängig. Der Landesteilung folgte 1967 die Trennung der Eisenbahnen, im Norden entstanden die Zambia-Railways.

Trotz weltweiter Isolation, Wirtschaftsboykotten und fehlender Ölquellen sollte bis 1980 das gesamte Netz der Rhodesia-Railways dampffrei sein. 1973 erfaßte das Land ein mörderischer Guerillakrieg, dessen Ende auch eine energiepolitische Neuorientierung brachte. 1980 entstanden die National Railways of Zimbabwe (NRZ), welche 3400 km Strecken betreiben, 311 km davon elektrifiziert. Bis 1987 gehörten zum Netz der NRZ 705 km Eisenbahnlinien in Botswana.

Die neue Eisenbahnverwaltung ließ 87 Garrett-Dampflokomotiven in Bulawayo aufarbeiten und setzt sie auf den Strecken nach Victoria Falls, West Nicholson und Plumtree ein.

Durch die doppelte Hufeisenkurve (double horseshoe) zwischen Thomson Junction und Hwange kämpft sich eine Lok der NRZ-Klasse 20 A mit ihrem Güterzug nach Bulawayo.
Die folgende Doppelseite eröffnet einen Blick in den Bahnhof Bulawayo mit Garratts der Klasse 14 A, die 1953/54 als Weiterentwicklung der Klasse 14 in 18 Exemplaren entstanden (HF)

Dampfzentrum Bulawayo

Die Klasse 16 A entstand 1952/53 als überarbeitete Nachfolgerin der Klasse 16 bei Beyer Peacock. Von den 30 1'D 1'+1'D 1'-Maschinen verblieben 19 in Zimbabwe. Ihr Haupteinsatzgebiet ist der Raum Bulawayo-Gwelo (HF)

Die folgende Doppelseite zeigt die loco sheds (Lokschuppen) in Bulawayo (HF)

No
418

No
No 615

No 419
No 414

Die Lokomotivbehandlungsanlagen des Dampfzentrums Bulawayo (HF)

Nº 732

In Sawmills überspannt die Anlage zum Wasserfassen alle Ausfahrgleise.
Unten fährt eine Lok der Klasse 15 entlang dem Hwange-Nationalpark von Gwaai nach Dete unweit Main Camp (HF)

Matabeleland

Auf der folgenden Doppelseite ist Lokomotive 744 »Umgusa« der Klasse 20 A bei Hwange mit einer Zugleistung nach Bulawayo am 23. Juli 1986 unterwegs (HF)

Vier schwarze Schönheiten in der Lokbehandlungsstation zu Dete!
Die links, Nr. 392, heißt Ithaka (Riesenantilope) und fährt bald zurück nach Bulawayo. Die rechte, Nr. 737, heißt Ingubu und will nach Thomson Junction. Namen und Absichten der beiden mittleren sind unbekannt (HF)

Nº 737

Nº
744

№ 394
№

Der loco shed von Thomson Junction ist eine bedeutende Außenstelle des Depots Bulawayo (HF)

Eine südafrikanische 19 D in den Diensten der Kohlebahn von Hwange bringt das »schwarze Gold« in den Bahnhof Thomson Junction (HF)

Die Schlepptenderlokomotiven Zimbabwes kamen nicht in den Genuß des Reaktivierungsprogramms, denn sie galten als zu schwach für die anstehenden Aufgaben. Diese rhodesische 19, eine Henschellok von 1952, entging der Verschrottung und arbeitet für die »Wankie Collieries« (HF)

Über 18 Lokomotiven der Klassen 20 bzw. 20 A verfügt die NRZ derzeit. Diese zugkräftigsten Maschinen der Bahnverwaltung entstanden 1954 bei Beyer Peacock.
Im Bild ist eine solche 2'D 1'+1'D 2'-Lok mit einer Länge von 28 930 mm auf der Deka-River-Brücke nach Victoria Falls unterwegs (HF)

Victoria Falls ist Endstation an der Grenze zu Zambia, dem ehemaligen Nordrhodesien (HF)

№
387

Mosambik und Swaziland

Die Lage der ehemals portugiesischen Kolonie zeichnete sie als Transitland zum Indischen Ozean aus. Dem entsprachen auch Planung und Bau der Eisenbahnstrecken. Die Burenrepublik Transvaal strebte nach einer Verbindung zum Hafen von Lourenço Marques, dem heutigen Maputo. 1887 begann der Betrieb auf portugiesischem Gebiet. Der Bau geriet jedoch ins Stocken, so daß erst 1895 ein durchgehender Verkehr nach Pretoria möglich war. In Moamba zweigt seit 1913 eine Nebenstrecke nach Xinavane ab, das wiederum Ausgangspunkt für die Limpopo-Bahn nach Südrhodesien wurde. All diese Bahnen verwendeten die Kapspur, während die Züge zwischen dem rhodesischen Umtali und dem Hafen von Beira zunächst auf 600 mm-Gleisen fuhren. Zur Jahrhundertwende erfolgte die Umspurung. Weitere Bahnen verbinden Beira und Moçambique mit Malawi, dem ehemals britischen Njassaland.
Dem Bedürfnis des britischen Protektorats Swasiland Rechnung tragend, bauten die Portugiesen bis 1912 eine Strecke von Lourenço Marques zur Grenzstadt Goba. Der beim Nachbarn fehlende Weiterbau ließ die Bahn bis 1960 verkommen. Erst neu gefundene Erzlager führten zur Reaktivierung der Eisenbahn und deren Fortsetzung im heutigen Königreich Swaziland.
Zur Koordinierung des Verkehrs entstanden 1929 die Caminhos de Ferro de Moçambique (CFM). Sie betreiben heute 2988 km Kapspur, 143 km 762 mm-Spur und 370 Eisenbahnkilometer in Swaziland.
Die CFM verfügte 1989 über 64 Dampflokomotiven, welche zumindest teilweise im Einsatz standen. Die Swaziland Railway (SR) ist eine der letzten Staatsbahnen der Welt, die ausschließlich und zwar mit 18 von der CFM ausgeborgten Maschinen dampft.

Im Bergeinschnitt von Nondvo ging der CFM 702 der Dampf aus. Erst nach dem Entschlacken des Rostes konnte die Fahrt mit dem Leerzug am 29. Juli 1975 zu den Erzgruben bei Ka Dake fortgesetzt werden (GH)

Eine große Dampflokvielfalt zeichnete die CFM einst aus. Nebenstehend eine 2'C 1'-Type von Henschel, darunter eine 1'D 1'-Rangierlokomotive in Lorenço Marques und unten schließlich eine 2'C 1'-Lokomotive von Baldwin (KG)

Links oben arbeitet CFM 705 bei Ka Dake. Sie gehört zu einer 1948 von den Montreal Locomotive Works hergestellten 2'D 1'-Serie. Darunter präsentiert sich CFM 473 ebenfalls bei Ka Dake (GH)

Südafrika

Die ersten Züge rollten 1860 auf regelspurigen Gleisen (1435 mm) von Durban nach Point. Zugleich baute man an der 92 km langen Linie von Kapstadt nach Wellington. Diamantenfunde bewirkten 1873 den Weiterbau nach Kimberley, nun allerdings in der billigeren »Kapspur« von 1067 mm.

Neben den Bahnen in der britischen Kapregion bauten und erweiterten die Burenrepubliken Oranje und Transvaal ihr Eisenbahnnetz, beflügelt vor allem vom Goldboom. Die Kapspur war dabei die Regel.

Nach dem Burenkrieg kam es 1910 zur Gründung der Südafrikanischen Union. Aus den Bahnen der vier Provinzen entstanden als Staatsunternehmen die South African Railways (SAR). 1988 umfaßte deren Netz 23309 km Kapspur und 481 km Schmalspur (610 mm). Gut 8000 km davon waren elektrifiziert.

Gewaltige Kohlevorkommen sichern die Energieversorgung. Durch Verflüssigungsanlagen werden Kraftstoffe gewonnen, so daß man schon 1970 die Abschaffung der Dampftraktion beschloß. Trotzdem führten die SAR 1988 noch gut 600 Dampflokomotiven in ihren Listen.

Neben Garratts vielfältiger Bauarten spielten stets 2'D 1'-Loks eine dominierende Rolle, deren verschiedene Typen sich äußerlich oft kaum unterschieden. Die überwiegend aus britischen und deutschen Lokomotivfabriken stammenden Maschinen waren in riesigen Bahnbetriebswerken beheimatet, deren Bestand häufig über 100 Einheiten betrug.

Außer der SAR betreiben noch viele Bergwerksbahnen Dampflokomotiven, die teils aus ehemaligen Staatsbahnbeständen stammen.

Die leistungsstärkste Dampflokomotive normaler Bauart der SAR ist die Klasse 25 bzw. 25 NC. 140 Maschinen kamen in Betrieb, 90 davon mit Kondenstender. Nebenstehend durchquert eine 25 NC mit ihrem Reisezug die Ausläufer der Berge von Lesotho, auf Seite 49 ist sie von Ficksburg nach Bloemfontein im Dienst.
Seite 48 zeigt schließlich Lok 2637 der Klasse 19 D beim Rangieren in Bethlehem (HF)

Oranje-Freistaat

Von den 140 Loks der Klasse 25 lieferte Henschel 39 und North British 11 ohne Kondenstender, wofür sich die Bezeichnung »non condensing« (25 NC) ergab. Bei weiteren 88 Maschinen wurden die Kondenstender wieder durch Normaltender unterschiedlicher Bauart ersetzt. Dies hatte seinen Grund allein in neuen Einsatzbereichen.
Im Bild fährt eine 25 NC bei Slabberts nach Bethlehem (HF)

An den bizarren Felsformationen des Mount Morkel, 2148 m hoch, vorbei dampfen die 25 NC Ficksburg (rechts) entgegen (HF)

Unten gibt es einen kurzen Halt in Generaalsnek, bevor der Zug wieder seinem Ziel Bloemfontein zustrebt, während der Gegenzug rechts gerade Kommandonek verläßt (HF)

Der Treibraddurchmesser der Klasse 25 NC beträgt 1525 mm, die Länge über Kupplungen der 2'D 2'-Maschinen 27 900 mm, länger als die meisten europäischen Normalspurlokomotiven je waren.
Die Szenen dieser und der Seite 62 zeigen 25 NC an der Grenze zu Lesotho (HF)

Das Bild rechts und die folgende Doppelseite zeigen noch einmal die hervorragenden 25 NC in der typischen Landschaft des Oranje-Freistaates (HF)

Depot Bloemfontein. Zu den Kohlehochbunkern führt eine auf stählernen Gerüst- und Pendelpfeilern gelagerte Rampe hinauf, die das Entladen der Kohlewaggons ohne Krananlagen ermöglicht (HF)

SAS

Im Bild links oben erwartet der »Red Devil«, 1981 nach neuesten Erkenntnissen aus der 25 NC Nr. 3450 umgebaut, Ausfahrt in Ian Kempdorp. Darunter dampft ein Sonderzug von Kimberley nach Bloemfontein (beide Fotos DH). Rechts werden zwei Maschinen der Klasse 19 D im Depot Bloemfontein aufgerüstet (HF)

Auf der folgenden Doppelseite sind gleich drei 25 NC in Petrusburg startklar für die Fahrt nach Kimberley (HF)

ANN SMITH
BLOEMFONTEIN QUEEN
SOUTH AFRICAN RAILWAYS
857
16 E
SUID AFRIKAANSE SPOORWEE

FGJ
86-020 366
SAR

Durch die Wüste Karoo

Das Bild auf der Seite 72 vermittelt einen Eindruck von der Karoo zwischen Kraankuil und De Aar. Ursprünglich mußten die Dampflokomotiven 550 km durch die Wüste zurücklegen, heute ist die gute Hälfte davon elektrifiziert und man benötigt keine Kondensloks mehr (HF)

Der »Red Devil«, nunmehr in schwarzem Kleid, wurde unter leitender Aufsicht von David Wardale in den Salt River-Werken nach Theorien des argentinischen Ingenieurs L.D. Porta umgebaut. Das Ergebnis waren 35% Kohleersparnis, 27% geringerer Wasserverbrauch und 50% Leistungsanstieg gegenüber der ohnehin schon wirtschaftlichen Klasse 25 NC. Doch kam diese fantastische Maschine zu spät, um Diesel- und Elektroloks aufhalten zu können. Die nebenstehenden Bilder zeigen den »Roten Teufel« der Klasse 26 im Vergleich zur 25 NC (HF) und auf Seite 73 den Führerstand dieser Superlok (DH)

3450

FRIEDA
CITY OF KIMBERLEY
No 3511

Die elegante 2'C 1'-Schnellzuglokomotive Nr. 858 der Klasse 16 E lieferte Henschel 1936 innerhalb einer Serie von sechs Maschinen. Ihre 1830 mm großen Treibräder beschleunigten einst den legendären »Blue Train«. Seit 1973 versieht sie keine Plandienste mehr, steht aber für Sonderfahrten zur Verfügung (HF)

Zwei Kondenslokomotiven der Klasse 25 sind noch im Ursprungszustand erhalten. Zu ihnen gehört die Nr. 3511 mit einer Länge über Kupplungen von 32 750 mm! Den Kondensmaschinen fehlte der typische Auspuff, statt dessen gab es Geräusche wie von einem Düsenjet. Mit der Elektrifizierung wasserarmer Strecken wurden sie überflüssig (HF)

SOEKIE
Nº
3450
KIMBERLEY

Links präsentiert sich noch einmal die gewaltige Schmalspurmaschine »Red Devil« im Betriebswerk Kimberley (DH), während rechts 25 NC »Molly« bei Kraankuil mit einem Reisezug nach Kimberley unterwegs ist (HF)

MOLLY
Nº
3436

Die Bilder der folgenden Doppelseite zeigen den Streckenverlauf zwischen Kimberley und De Aar. 25 NC vor schweren Güterzügen, rechts bei Houtkraal, gehörten 1986 noch zum Alltag. Die Museumslokomotive Nr. 858 der Klasse 16 E kam jedoch nur noch vor Sonderzügen zum Einsatz (DH/DH/HF)

Reisezüge mit 24 Wagen sind bei der SAR nicht selten. Für eine 25 NC kein großes Problem, wie hier bei Kalkbult. Die Dieselablösung braucht jedoch zwei Lokomotiven, um die Planzeiten annähernd halten zu können (HF)

Auch die Bilder dieser Seiten vermitteln einen Eindruck von der unendlichen Weite der Großen Karoo zwischen Kimberley und De Aar. Alle Lokomotiven gehören zur Klasse 25 NC (HF)

Hochbetrieb im Lokomotiv-Depot De Aar. Wie in den meisten SAR-Betriebswerken gibt es auch hier die Auffahrtsrampe zum Kohlebunker (DH/HF)

LADY JANE
Nº 3432
EZETTE
Nº 3528

Alle in De Aar beheimateten 25 NC tragen Mädchennamen. Man sieht, daß auch solch schwere Mädchen gerne mal in den Spiegel schauen! (HF)

Die Klasse 15 CA verrichtete 1986 im Kapland kaum noch Streckendienst. Insgesamt 83 2'D 1'-Maschinen lieferten 1926 und 1930 Alco, Baldwin, Breda und North British.
In De Aar drückten die Lokomotiven Kohlewagen über die Rampe hinauf zu den Bunkern (HF)

Am Kap der Guten Hoffnung

Auf Seite 94 befindet sich der Dampfzug im Ferienparadies Wilderness am Indischen Ozean, rechts daneben zeigt sich der Streckenabschnitt bei Victoria Bay (HF)

Anläßlich einer Sonderfahrt von Klipplaat über Oudtshoorn nach George kam eine Garratt der Klasse GMA/GMAM wieder auf die Strecke. Mit 120 Exemplaren, zwischen 1953 und 1958 von Henschel, Beyer Peacock und North British geliefert, ist diese Maschine die zahlreichste Garratt-Type aller Zeiten. Sie mißt 28 590 mm über Kupplungen und hat die Achsfolge 2'D 1'+1'D 2' (DH)

Auch diese Seiten dokumentieren eine Sonderfahrt zwischen George und Klipplaat mit der GMA 4072. 1984 schieden diese riesigen Maschinen aus dem aktiven Dienst und wurden zum Teil durch Dieselloks in Mehrfachtraktion, zum Teil durch die Klasse 25 NC ersetzt (DH)

Die folgende Doppelseite zeigt die Brücke über den Kaiman-River. Das nächste Festland in Blickrichtung ist die Antarktis! (HF)

Links die Lagune bei Sedgefield (HF) und rechts noch einmal die Kaiman-River-Brücke mit Dreifachbespannung vor einem Sonderzug (DH)

Vor Knysna (oben) und bei Wilderness entstanden die Fotos dieser Seiten (DH). Die Nebenbahnlokomotiven der Klasse 24 lieferte North British 1948 in einer Serie von 100 Maschinen. Sie erhielten den Vanderbilt-Tender und damit eine Länge von 22 770 mm über Kupplungen. Die 1300 mm großen Treibräder und die Achsfolge 1'D 2' gestatteten vielseitigste Einsatzmöglichkeiten

YAMAHA

Entlang dem Indischen Ozean muß die Strecke von George nach Knysna immer wieder weit in das Land schneidende Meeresbuchten überbrücken (DH)

T
02BA127
850/83 11/81

In Port Elizabeth-Sydenham sind 1986 über 100 Lokomotiven der Baureihen 15 AR, 19 D und 24 für den Dienst auf den Rangierbahnhöfen der Hafenstadt beheimatet gewesen (HF)

Port Elizabeth

Von Port Elizabeth-Humewood Road nach Avontuur (311,5 km einschließlich dem Abzweig nach Patensie) betreibt die SAR eine 610-mm-Schmalspurbahn zum Teil noch mit 1'D 1'-Dampflokomotiven der Klasse NG 15 (DH)

Die letztgebauten Garratts der Welt sind acht Maschinen für 610-mm-Spur der Klasse NGG 16, die Hunslet-Tayler 1967/68 an die SAR lieferte (DH)

1927 baute Hanomag eine erste Serie 1'C 1'+1'C 1'-Lokomotiven der Klasse NGG 13. Ihnen folgte 1937 die fast unveränderte Klasse NGG 16, welche mit wenigen Änderungen über 40 Jahre in 34 Exemplaren beschafft wurde. Sie beförderten u.a. den »Apple-Express« zwischen Port Elizabeth und Avontuur. Heute sind die meisten Garratts auf dieser Bahn überzählig geworden (DH)

Auf der Gebirgsstrecke von Port Alfred nach Grahamstown sind die Universallokomotiven der Klasse 19 D tätig. 650 m Höhenunterschied müßten auf 75 km Länge überwunden werden. In Martindale (unten) war Halbzeit. Bei Bloukrans (rechts) ist ein weiterer Bergabschnitt geschafft. Für diese anhaltende Steigung benötigten die 19 D einen zusätzlichen Wasserwagen (HF)

LOKO
GRENS
LOCO
LIMIT

Die anstrengende Bergtour ist geschafft!
Einfahrt Grahamstown (HF)

Feuer, Wasser, Kohle – das sind die allfälligen Restaurierungsarbeiten im Depot Grahamstown (HF)

Fertig für die Weiterfahrt nach Alicedale. 135 Maschinen der Klasse 19 D lieferten Krupp, Borsig und Skoda vor dem zweiten Weltkrieg. Mit der Achsfolge 2'D 1' und einem Raddurchmesser von 1370 mm wurde die Konstruktion zur Universallokomotive auf Gebirgsstrecken. Weitere 100 Maschinen kamen nach dem Kriege von Robert Stephenson, Hawthorn Ltd. und North British, die letzten 50 mit Vanderbilt-Tender (HF)

Bei Atherstone begegnet uns diese 19 D, rückkehrend von Alicedale. Die Ausführung mit Normaltender war 20 500 mm lang, der zylindrische Tank des Vanderbilt-Tenders verhalf den Lokomotiven zu einer Gesamtlänge von 26 247 mm (HF)

Rund 130 km lang ist die Verbindungsbahn von Port Alfred nach Alicedale an der elektrifizierten Strecke Port Elizabeth-Rosmead. Grahamstown ist zentraler Betriebspunkt der Strecke und beheimatete einige Maschinen der Klasse 19 D.
Die Bilder rechts entstanden bei Port Elizabeth (HF/DH/DH)

AS
SAS

Die folgende Doppelseite zeigt links den der Küste zustrebenden Zug vor Izothsa und rechts die Fahrt durch die weitläufige Zulu-Siedlung Nsimbini (HF)

Die letzte in Natal von der SAR betriebene 610 mm-Schmalspurbahn war die bis 1917 als Alfred County Railway erbaute Strecke von Port Shepston nach Harding. Im Bild befördert die NGG 16 »Snowy« ihren »Banana Express« zwischen Kulwana und Izingolweni (HF)

Auf schmaler Spur durchs Zululand

DRINK WATER
SAR
S A R

S A R
S A S

NGG 16 präsentieren sich in Nsimbini (links) und Izingolweni sowie in der schmucken Station Paddock (folgende Doppelseite) (HF/DH/HF).
1986 schien das Ende der vor allem mit Holztransport befaßten Bahn unvermeidlich gekommen zu sein. Die SAR stellten den Betrieb ein. Inzwischen wurde von Eisenbahnfreunden eine Aktiengesellschaft ins Leben gerufen, welche die Bahn nun als »Alfred County Railway AG« betreibt. Weitere Aktionäre aus aller Welt sind willkommen

SNOWY
BANANA
EXPRESS
S A R

Die vorangegangenen Seiten zeigten Szenen der Station Bomela und nahe Izingolweni (HF)

Lokwechselstation Izingolweni.
Die leistungsfähigen und noch recht jungen Maschinen der Klasse NGG 16 versehen heute alle Dienste auf der Alfred County Railway (HF)

SNOWY
BANANA EXPRESS
S A S
S A R

Nach dem Lokwechsel in Izingolweni geht es mit frischer Kraft Harding entgegen (unten) (HF)

Von Harding zurückkommend wird das Zulu-Dorf Ngabeni umfahren (HF)

Transvaal

Am Westrand von Johannesburg dampfen ehemalige SAR-Garratts der Klasse GMAM im pausenlosen Einsatz für die Randfontein Estates Goldmine (HF)

VIVIENNE
R 11
R.E.G
R.E.G.M.

In Germiston am südöstlichen Rand von Johannesburg, inmitten des Goldbergbaugebietes Witwatersrand, befindet sich ein Riesendepot für alle Traktionsarten. An Dampflokomotiven sind hauptsächlich noch 15 F und 15 AR stationiert (HF)

Links verläßt eine 15 F gerade Kinross auf ihrer Fahrt von Springs nach Bethal (HF). Unten befindet sich eine ebensolche Maschine in voller Fahrt zwischen Johannesburg und Mafikeng (DH)

Die 255 Maschinen der Klasse 15 F wurden zwischen 1938 und 1948 von Henschel, der Berliner Maschinenbau-AG, Beyer Peacock und North British gebaut. Diese größte geschlossene Dampflokserie der SAR war praktisch auf allen Strecken zuhause.

Von Breyten nach Lothair sind stets zwei Lokomotiven der Klasse 24 mit Holztransporten befaßt. Bei Liefgekozen ist das eine Wasserpumpe treibende Windrad zu passieren (HF)

Die vorangegangene Doppelseite zeigt die Rückleistung mit zwei 24ern in Burgerspan. Heimatdepot der Maschinen ist Breyten (HF)

Im Kohlerevier um Witbank traf man bis 1987 noch einige Lokomotiven der Klasse 15 CA im Rangierdienst an. Die Nr. 2850 war der besonders gepflegte Liebling des Depotchefs (HF)

Beeindruckend sind immer wieder die riesigen Bekohlungsanlagen der SAR, hier die in Witbank.
Verabschieden wollen wir uns von den letzten Dampflokomotiven Afrikas mit einem Blick auf ihre wohl bekanntesten Vertreter: die Garratt-Maschinen der Klasse GMAM (Seite 158/159/OE) und die modernste Dampflokomotive der Welt, den »Red Devil« (Seite 160/DH)

5.2.1991
$148.-